U0203702

阿贝美食
natural healthy delicious

阿贝美食
natural healthy delicious

精致，好吃，品味，经典

一学就会的西餐

培博 ● 著

河南科学技术出版社

· 郑州 ·

目录

CONTENTS

Chapter 6 主食 /73

李錦記
LEE KUM KEE
锦珍老抽
（酱油）
Kum Chun Dark Soy Sauce
金蘭
LEA
&

Chapter 1

西餐常用的调料香料

油

油是做西餐必不可少的，选好油是做好菜的第一步。一般来说，建议选择花生油、豆油、玉米油、橄榄油等植物油，最好选择压榨油；尽量不用动物油、棕榈油、椰子油等，因为这些油类中饱和脂肪酸含量较高，对健康不利。

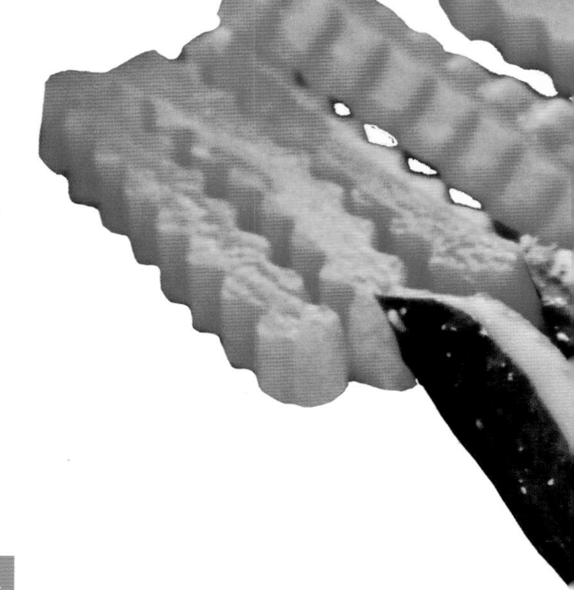

盐

百味盐为首，盐是做菜离不开的调味品，优质食盐色泽洁白、不结块，咸味纯正。按照盐的来源，可分为海盐、湖盐、井盐、岩盐等，海盐又分为大盐、精盐两种。

· 大盐

大盐的颗粒较大，含有杂质，呈暗灰白色，略带苦涩味，适宜腌制食物。

· 精盐

精盐的颗粒很小，几乎不含杂质，色泽洁白，口感比较好，适宜调味使用。

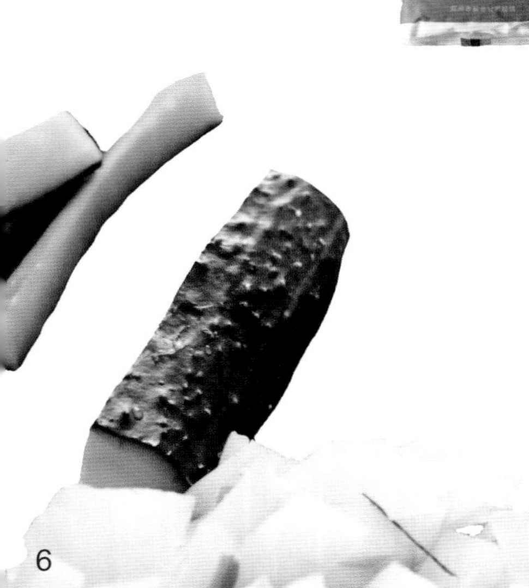

糖

糖是以甘蔗、甜菜为原材料，经过榨取汁液、后期加工而制成的。糖的味道鲜甜，常用于制作西餐的调味品、酱汁等。食糖按照形状不同，可分为白砂糖、绵白糖、红糖、方糖等。

· 白砂糖

白砂糖品质纯净，色泽莹白，结晶形似沙砾，故而得名。白砂糖口感甜润，纯度较高，含糖量99%左右。

· 绵白糖

绵白糖的品质不如白砂糖，有少量水分，色泽洁白，易溶化，纯度较高，含糖量98%左右。

· 红糖

红糖又叫红砂糖，是未经提纯的半成品，色泽为暗褐色，有浓郁的甘蔗鲜甜味，适宜做布丁等甜点。

· 方糖

方糖是用较细颗粒的白砂糖压制而成的，呈小方块形，颜色洁白，主要用于为咖啡等饮品调味。

酱油

酱油是用豆类、麦子和盐酿造的咸的液体调味品，风味独特，味道鲜美，广泛用于调味、调色。酱油按照用途不同，可分为生抽、老抽两种。

· 生抽

生抽是发酵时间比较短的酱油，淡红褐色，清澈明亮，味道较为鲜美，一般用来拌凉菜。

· 老抽

老抽是在生抽的基础上继续发酵、晒制、沉淀、过滤而成的，味道浓郁，深红褐色，黏稠光亮，味道微甜，一般用来给菜品上色，如做红烧肉等。

李派林辣酱油

李派林辣酱油是西餐中经常用到的一种调味品，色泽风味与中式菜肴里用的酱油相似，但是略带辣味。其原材料有海带、番茄、辣椒、洋葱、白砂糖、盐、胡椒、大蒜、丁香、冰糖、肉蔻等，口味浓香，有酸、甜、辣、咸等多种味道，一般以无杂质、无沉淀，色泽明亮，香气浓郁者为上品。

番茄酱

番茄酱是以番茄为主要原料，经过打碎、熬煮，再加入适量可食用色素而制成的。色泽鲜艳，味道酸甜，广泛用于西餐的调味，以无杂质、香气纯正者为上品。

鸡粉

鸡粉是以新鲜鸡肉、鸡骨、鸡蛋为原料制成的调味料，可以为菜肴增加鸡肉的自然鲜香，其中除含有谷氨酸钠外，更含有多种氨基酸，能增加人们的食欲，又能提供一定的营养。

黄油

黄油是把新鲜牛奶充分搅拌、滤去上层浓稠状物体中的水分之后的产物，主要当作调味品。黄油营养丰富，但脂肪含量高，以色泽浅黄，质地均匀、细腻，切面无水分渗出，气味芬芳者为上品。

咖喱

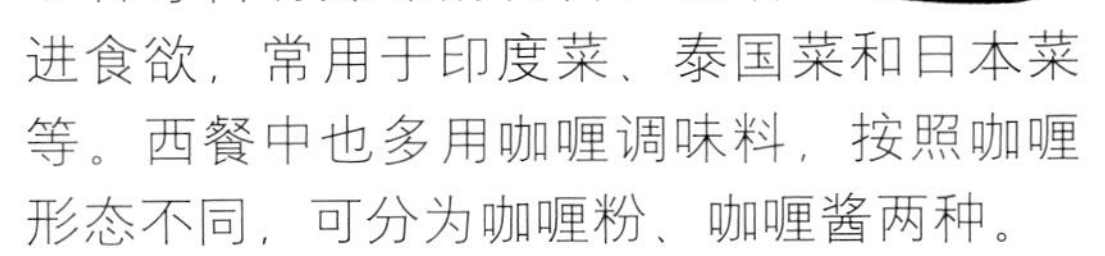

咖喱是由多种香料调配而成的调味料。主要原料有姜黄粉、川花椒、八角、胡椒、桂皮、丁香等含有辣味的香料，能增进食欲，常用于印度菜、泰国菜和日本菜等。西餐中也多用咖喱调味料，按照咖喱形态不同，可分为咖喱粉、咖喱酱两种。

奶油

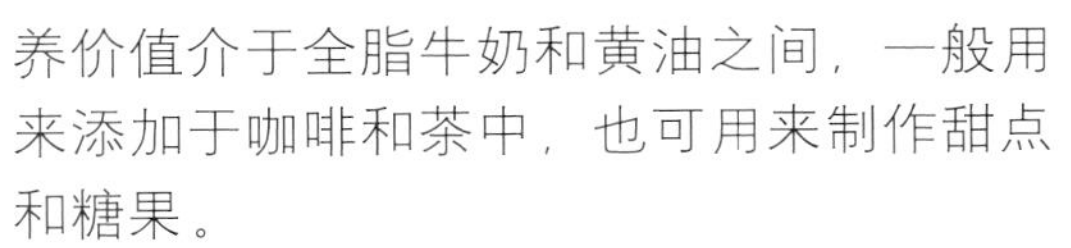

奶油是从牛奶、羊奶中提取的黄色或白色脂肪性半固体食品。牛奶中的脂肪因为密度的不同，脂肪微粒便浮聚在牛奶上层，这就是奶油。奶油的营养价值介于全脂牛奶和黄油之间，一般用来添加于咖啡和茶中，也可用来制作甜点和糖果。

淡奶油

淡奶油也叫稀奶油，一般指可以打发裱花用的动物奶油，打发成固体状后就是蛋糕上面装饰的奶油了。动物奶油的熔点比植物奶油要低一些，相对于植物奶油来说更健康。因为没有加糖，所以称之为淡奶油，可用来制作奶油蛋糕、冰淇淋、慕斯蛋糕、提拉米苏等。如果做面包的时候加一些，也会让面包更加松软。

起司

起司是发酵的牛奶制品，含有可以保健的乳酸菌，含有丰富的蛋白质、钙、脂肪、磷和维生素等营养成分，是纯天然的食品，营养价值高。按照形状不同，起司可分为起司粉、起司丝、起司块等。

吉士粉

吉士粉是一种香料粉，呈粉末状，浅黄色或浅橙黄色，具有浓郁的奶香味和果香味，易溶化，用于制作软、香、滑的冷热甜点（如蛋糕、蛋卷、包馅、面包、蛋挞等糕点），主要取其特殊的香气和味道，是一种较理想的食品香料粉。在西餐中主要用于制作糕点和布丁，也用于中式烹调。

海苔

海苔即紫菜，只是形状不同。紫菜主要包括两个品种：坛紫菜和条斑紫菜，北方以条斑紫菜为主，南方则以坛紫菜为主。海苔是用条斑紫菜加工而成的，营养价值很高。紫菜生长在海边岩石上，充分汲取了海水中的精华，蛋白质、矿物质和维生素的含量极其丰富，被人们称为"维生素的宝库"。

松肉粉

松肉粉又叫嫩肉粉，主要作用是利用蛋白酶使肉中的弹性蛋白和胶原蛋白部分水解，使肉类制品口感达到嫩而不韧、味美鲜香的效果。

胡椒

胡椒又名玉椒，原产自马来西亚、印度等地，是多年生藤本植物，夏季开花，果实为黄红色浆果，种子含有挥发油、胡椒碱、辣椒脂等。按照果实与种子加工方法的不同，胡椒可分为黑胡椒、白胡椒两种。胡椒以颗粒硬实、干燥、匀称，香味浓烈者为佳。

· 黑胡椒

黑胡椒是由胡椒藤上未成熟的浆果、自然落下的未成熟果实加工制成的。先在热水中把胡椒稍微煮一下，然后暴晒于太阳下或在机器中烘干，包裹着种子的果皮会逐渐地变黑并收缩，就成为黑胡椒。

· **白胡椒**

白胡椒是用完全成熟的浆果加工制成的。将完全成熟的胡椒浆果在水中浸泡约一个星期，让果肉变松软并逐渐腐烂，通过摩擦去除果肉残留物后，再将裸露的种子洗净、晒干，就成为白胡椒。

法香

法香是西餐中常用的装饰物，色泽碧绿，叶片小而尖，多褶皱，有点像中式菜肴中常用的香菜，法香亦可用于肉类、鱼虾贝类的制作。

香叶

香叶别名香桂叶、桂叶、天竺桂等，是樟科常绿树甜月桂的叶子，表面平滑而有光泽，带有辛辣及强烈苦味。通常整片使用，烹调后再从菜肴中除去，属于西餐调料，常用于腌渍或浸渍食品，亦用于炖菜、炖鱼、做馅料等。

丁香

丁香属于木樨科，原产自印度尼西亚，是一种香料。西餐中常用的丁香是指丁香属植物树上的花蕾，又名丁子香，每年9月至来年3月由青转红，采集后除去花柄，晒干后即为丁香，以坚实、厚重、密度大、气味辛香者为上品。丁香常用作西餐中的腌渍、烧烤香料。

百里香

百里香又名麝香草，原产自地中海沿岸，属唇形科多年生灌木状草本植物，多生长在低海拔地区，味道辛香，一般加在炖肉、蛋或汤中，是西餐常用香料。

阿里根奴

阿里根奴原产自地中海地区，属薄荷科芳香植物，叶子细长、微圆，花有浓烈的芳香，春夏叶片颜色碧绿，秋冬叶子颜色转为暗红。阿里根奴是做比萨、馅饼等不可或缺的材料，籽为牛至，也是一种香料。

Chapter 2 西餐常用的蔬果

圆白菜

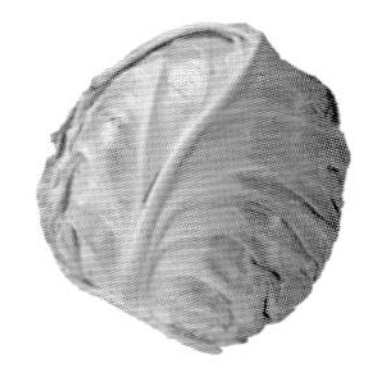

圆白菜又叫卷心菜，原产自地中海沿岸，多用于制作汤菜、配菜、冷菜等。优质的圆白菜一般应新鲜，没有烂叶、黄叶，球形紧凑，形状端正、规则。按照圆白菜的形状，可分为尖头型圆白菜、圆头型圆白菜、平头型圆白菜。

· 尖头型圆白菜

尖头型圆白菜一般在春季上市，顾名思义，形状呈尖形，略似心形，中心柱高，整个球形较为松散，叶片薄，口感较差，应尽量不选用尖头型圆白菜。

· 圆头型圆白菜

圆头型圆白菜一般在暮春上市，顾名思义，形状呈圆球形，中心柱短，整个球形较为紧凑，叶片比尖头型圆白菜略厚，色泽白绿，口感比尖头型圆白菜好。

· 平头型圆白菜

平头型圆白菜一般在秋冬季上市，顾名思义，形状呈扁圆形，中心柱短，整个球形紧凑，叶片比圆头型圆白菜厚，口感甚佳。

芹菜

芹菜原产自地中海沿岸，有特殊香气，常用于制作主菜、汤菜、配菜等，优质芹菜一般应比较鲜嫩，无烂叶、黄叶，茎叶水嫩。按照风味不同，芹菜可分为本地芹、西芹两种。

· 本地芹

本地芹是我国特产的芹菜，根大，茎空心，叶柄细长，呈绿色，味道浓郁，香气明显，但是纤维较粗，口感稍差。

· 西芹

西芹是国外品种，根小，茎实心，叶柄宽大，呈嫩绿色，味道比本地芹稍淡，但是纤维较细，口感脆嫩。

生菜

生菜是莴苣的变种，原产自地中海沿岸，常用于制作沙拉、冷盘等，亦多用于装饰。优质的生菜一般应色泽鲜绿或嫩绿，没有烂叶、黄叶，叶片水润，形状完整。按照生菜叶子形状的不同，可分为球生菜、奶油生菜两种。

· 球生菜

球生菜呈球形，故而得名。球生菜叶片纤维较少，口感鲜嫩，叶片较薄，适合生食，有青绿、奶白、紫红、桃红等颜色。

· 奶油生菜

奶油生菜叶片较长，叶边锯齿明显，色泽鲜绿，叶片伸展不结球，但是叶片纤维比球生菜粗，口感稍差。

洋葱

洋葱属百合科二年生或多年生植物，原产自亚洲西部。洋葱的肉质鳞茎是可食用部位，味道辛辣，呈规则球形，常用于制作西餐沙拉、主菜等。洋葱以新鲜、形状规则、手感较沉者为佳。按照颜色洋葱可分为黄皮、紫皮、白皮三种。

· 黄皮洋葱

黄皮洋葱一般夏季上市，呈浅黄白色，鳞茎片较薄，扁圆形，味道微辣，有一点甜味，口感脆嫩，适合生吃或拌沙拉。

· 紫皮洋葱

紫皮洋葱一般秋季上市，呈紫红色，鳞茎片较厚，扁圆形，味道辛辣，水分少，口感较差，适合炖菜或做汤。

· 白皮洋葱

白皮洋葱颜色洁白，又分为扁白皮洋葱、圆高桩白皮洋葱两种。前者形状较小，水分多，味道稍微辣一些，一般春末夏初上市；后者形状较大，质嫩味甜，辣味淡，一般夏末秋初上市。

大蒜

大蒜属百合科多年生宿根植物，原产自亚洲西部，常用于制作西餐酱汁、主菜等。以新鲜、完整、蒜味浓郁者为上品。按照蒜皮颜色的不同，大蒜可分为紫皮蒜、白皮蒜两种。

· 紫皮蒜

紫皮蒜的蒜皮呈紫红色，蒜瓣较大，瓣数少，辣味浓郁，品质优良。

· 白皮蒜

白皮蒜的蒜皮呈浅白色，蒜瓣均匀或较小（蒜瓣较小者为狗牙蒜），味道稍淡，适合腌制。很多人喜欢吃的糖蒜、腊八蒜，一般都是用白皮蒜腌制的。

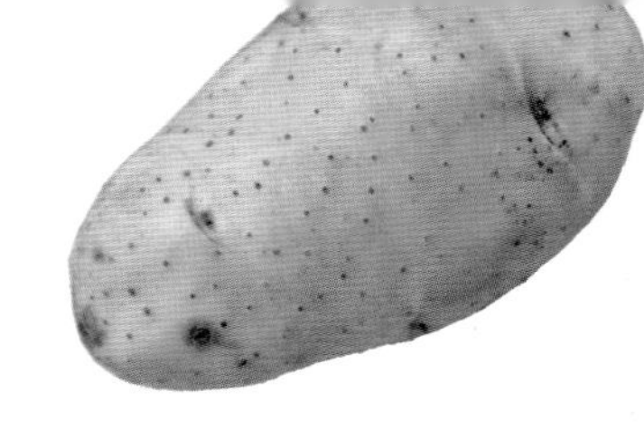

土豆

土豆又叫马铃薯、洋芋等，原产自南美高原，常用于制作西餐的主菜、沙拉、主食等。以新鲜、形状完整、含水量高者为上品。土豆按照颜色可分为白皮土豆、黄皮土豆、红皮土豆三种。

· 白皮土豆

白皮土豆外皮光滑、极薄，呈灰白色，水分大，口感细腻。

· 黄皮土豆

黄皮土豆外皮稍微粗糙一些，中等厚度，呈淡淡的黄色，淀粉含量高，口感好，比较适合做土豆泥。

· 红皮土豆

红皮土豆外皮比较粗糙，呈暗红色，水分少，质地紧密，淀粉含量低，口感较差。

芦笋

芦笋属百合科多年生宿根植物，因为芦笋的茎叶长得略似松柏，所以也叫石刁柏。芦笋的可食用部位为茎部，味道清新、鲜爽，以新鲜、茎水嫩者为上品。

从春季开始，幼芦笋生长在阳光下，长成后就是我们常吃的绿色芦笋；幼芦笋生长在避光环境下，长成后就是人们常常用来腌制做罐头的白色芦笋。芦笋味道清新，常用于制作配菜、西餐装饰。

胡萝卜

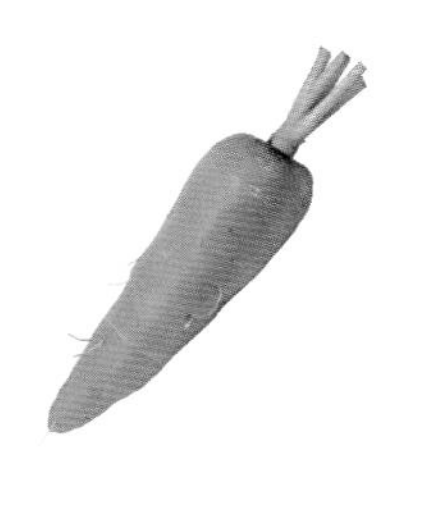

胡萝卜原产自地中海沿岸、亚洲西部等区域，属伞形科一年生或二年生植物。胡萝卜的可食用部分是其肥嫩的肉质根茎，呈圆锥形，水分较多，口感脆嫩，略带甜味，常用于制作沙拉、冷菜、汤等。

黄瓜

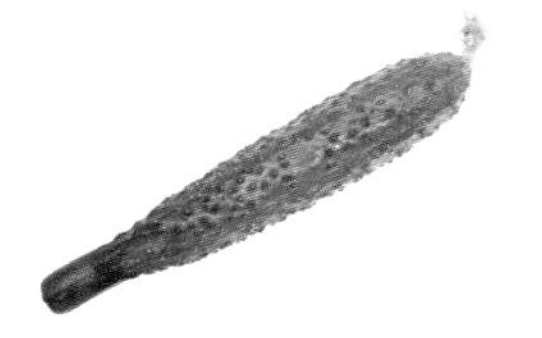

黄瓜又名胡瓜，属葫芦科一年生草本植物，原产自印度，常用于制作配菜、冷菜，以新鲜、嫩绿、色泽水润者为上品。黄瓜按照形状不同，可分为刺黄瓜、鞭黄瓜、秋黄瓜三种。

· 刺黄瓜

刺黄瓜表面有明显的纵棱，表面有清晰可见的果瘤，籽少，口感脆嫩清香。

· 鞭黄瓜

鞭黄瓜表面较为光滑，无果瘤，呈直棍形，肉少籽多，口感稍微差一些。

· 秋黄瓜

秋黄瓜表面有小棱、刺毛，无果瘤，呈直棍形，顶部有黄色线条，肉多籽少，口感脆嫩。

番茄

番茄又名西红柿，属茄科一年生蔬菜，原产自南美北部，可食用部位是多汁的浆果，以新鲜、色泽明艳、香气浓郁者为上品。番茄按照颜色不同，一般品种可分为红色番茄、粉色番茄、黄色番茄三种。

· 红色番茄

红色番茄颜色鲜红，呈扁圆形，肉厚，味甜，多汁，口感很好。

· 粉色番茄

粉色番茄颜色艳粉，呈圆形，肉厚，味道稍淡，汁液比红色番茄少，口感较沙，品质稍差。

· 黄色番茄

黄色番茄颜色嫩黄，呈圆形，肉厚，味道稍淡，汁液也比红色番茄少，口感较沙，品质稍差，一般用作装饰。

青椒

青椒又叫灯笼椒、柿子椒等，属茄科一年生或多年生植物，原产自南美洲，常用于制作西餐主菜、沙拉等，以新鲜、表皮光洁、含水量高者为上品。青椒按照形状不同，一般可分为直把青椒、弯把青椒、包子椒三种。

· 直把青椒

直把青椒的果实大小适中，形似灯笼，表面有三四条明显的纵沟，青椒把直，果肉厚实，色泽鲜绿，口感酸甜微辣，品质上佳。

· 弯把青椒

弯把青椒的果实比较大，形似灯笼，表面有三四条明显的纵沟，青椒把弯曲，果肉厚实，色泽深绿，口感酸甜清香，品质上佳。

· 包子椒

包子椒的果实比较小，形似包子，一般呈黄绿色，表面上有六条明显的纵沟，果肉单薄，多籽，味道较淡，品质稍差。

香菇

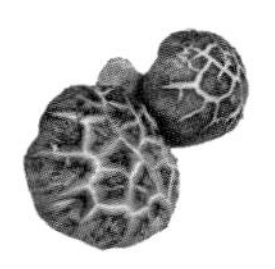

香菇又名香菌，属于伞菌科，产地广泛，可食用部位是菇肉、菇柄，以新鲜、肉厚、大小均匀、完整、干燥、菇柄粗短者为上品，常用于制作西餐的配料，主要有花菇和冬菇两种。

· 花菇

花菇产于冬季，一般在雪后生长，花菇的伞盖上有明显花纹，肉厚质嫩，香味浓郁，品质极佳。

· 冬菇

冬菇也是产于冬季，菇肉厚，伞盖比花菇大，且伞盖明显隆起，边缘稍卷，没有花纹，品质中等。

花菜

花菜又名花椰菜，是甘蓝的一个变种，属十字花科，原产自南欧，可食用部位是花蕾和嫩茎，以新鲜、厚实、色泽洁白、花蕾紧凑者为上品，常用于制作西餐主菜、装饰等。花菜按照上市时间可分为春花菜、秋花菜两种，前者5月上市，后者11月上市。

西蓝花

西蓝花又名绿花菜，也是甘蓝的一个变种，属十字花科，原产自意大利，可食用部位是花蕾和嫩茎，以新鲜、厚实、色泽碧绿、无虫眼者为上品，常用于制作西餐主菜、装饰等。

苹果

苹果属蔷薇科落叶乔木，品种很多，果实脆甜、略有酸味，深受人们喜爱。苹果常用于制作沙拉、汤等，以果实新鲜、表皮光滑、色泽鲜艳者为上品。

梨

梨属蔷薇科落叶乔木，品种很多，一般产自于温带地区。梨的果实多汁、甘甜、较脆，常用于制作沙拉、果汁等，以果实新鲜、表皮水润、含水量高者为上品。

桃

桃属蔷薇科小乔木，品种很多。桃的果实形状像心形，皮色鲜艳，果肉柔软，汁多味甜，是夏季人们喜爱的水果，常用于制作果汁，以果实新鲜、汁多者为上品。

柑橘

柑橘属芸香科，果实香气浓郁，色泽鲜艳，形状可爱，一般呈圆形，口感酸甜，多在冬季上市，常用于制作西餐配料、沙拉、主菜等，以新鲜、含水量高、香气浓郁者为上品。

· 橘类

橘类的果实一般呈扁圆形，色泽呈淡黄、深黄色，表面有小突起，果皮与果肉很容易剥离。我们冬天常吃的橘子就属于橘类果实。

· 柑类

柑类的果实一般比较大，表皮呈深黄色，果皮与果肉不太容易剥离，表皮稍硬，味道稍微淡一些。

· 橙类

橙类的果实呈扁圆球形，表皮呈红黄色，果皮与果肉不容易剥离，酸味比较重，适宜做果汁。

柠檬

柠檬属芸香科常绿小乔木，原产自地中海沿岸，果实呈卵圆形，颜色鲜黄，表面有许多小突起，皮厚，香气清新，果汁极酸，常用于制作西餐调料、酱汁等。以新鲜、色泽明艳、无疤痕、无皱痕者为上品。

香蕉

香蕉属芭蕉科多年生草本植物，原产自亚洲热带地区，果实呈长圆条形，果皮与果肉极易剥离，口感软糯香甜，无种子。以新鲜、色泽鲜亮、无破损、表面有浅色小麻点者为上品，常用于制作沙拉。

菠萝

菠萝又叫凤梨，属凤梨科多年生草本植物，原产自巴西、阿根廷等地，品种很多，果实一般呈圆桶形，香气十分浓郁，味道酸甜略涩。以新鲜、完整、香气明显、含水量高者为上品，常用于制作西餐调料。

刀具

· 法式分刀

刀刃呈弧形，刀背厚实，刀尖尖锐，用于切、剁等。

· 厨刀

刀锋平直，刀尖呈尖圆形，用于切割肉类等。

· 拍刀

拍刀也叫拍铁，有短柄，没有刀刃，下部平滑，中间厚，四边薄，主要用于拍砸肉类使之松软。

· 剁肉刀

刀身呈长方形，宽厚，像中式菜刀，一般用于切剁带骨头的肉。

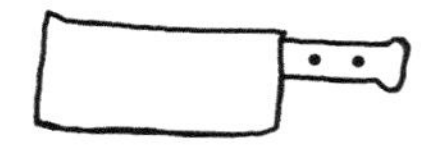

切割技巧

· 切块

切块是将原材料切成块状的一种刀法，如果要切成规则的块状，事先要把材料切成一个规则的正方体、长方体或圆柱体等，然后再切成规则的块状；如果要切滚刀块，用直刀切法，刀与原材料之间的角度为45°~60°，每切一块就滚动一次原料，滚动的幅度取决于需要的块状大小。

· 切片

切片是将原材料切成片状的一种刀法，刀与原材料之间的角度为90°左右，切薄片即可。可以先在原材料上切一刀，然后把这个切面贴着案板放下再切，这样原材料不易滚动，可以避免伤到手。

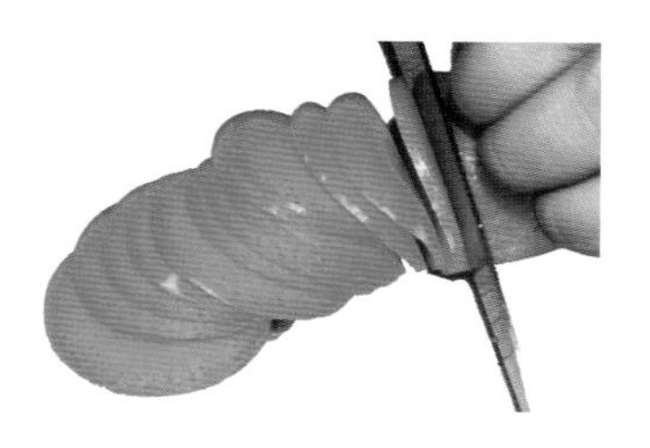

· **切条**

切条是将原材料切成条状的一种刀法。先把原材料切成规则的厚片，再把厚片切成条状即可。

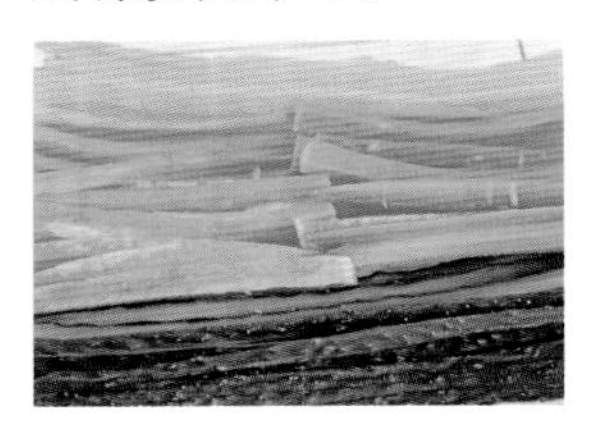

· **切丝**

切丝是将原材料切成丝状的一种刀法。先把原材料切成规则的薄片，再把薄片切成细丝即可。

· **切丁**

切丁是将原材料切成丁状的一种刀法，先把原材料切成规则的厚片，再把厚片切成细小的条，再继续将条切成丁即可。

微火

火候是指在烹饪过程中，根据菜肴原材料的老嫩、硬软、厚薄、大小等情况而采用的火力大小与时间长短。

做菜时，一方面要从燃烧烈度判断火力的大小，另一方面要根据原材料的情况掌握成熟时间的长短。两者统一，才能使菜肴烹调达到标准。

· **大火**

大火，也叫猛火、武火、旺火、急火等，适用于爆、炒、涮、焯水的菜肴。烹调的菜肴，能迅速受到高温，纤维急剧收缩，使食材内的水分不易浸出，吃时口感比较脆嫩。

· **中火**

中火适用于炸制菜，如外面裹糊的原料，在下油锅炸时多使用中火加热。因为炸制时如果用大火，原料会立即变焦，形成外焦里生；如果用小火，原料下锅后会脱糊。

· **小火**

小火烹饪的菜肴，原材料多半切成大块，如牛腩等，在用小火之前，先用大火或中火炒制一下，然后转小火慢炖，一方面可以使食材入味，另一方面可以让食材质地更鲜嫩。炖汤时也常用小火。

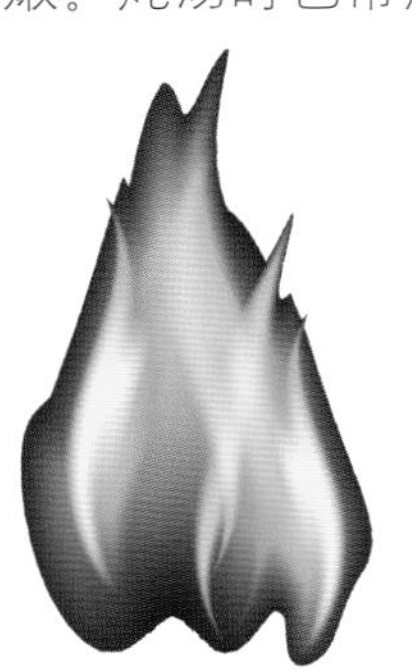

· **微火**

微火适用于烹饪菜肴的最后收汁阶段，用微火之前，一般菜肴的加热过程基本上已经完成，但是有些菜肴需要勾芡，完成勾芡步骤后，一般要转小火收汁，为了避免芡汁糊掉，用微火比较安全。

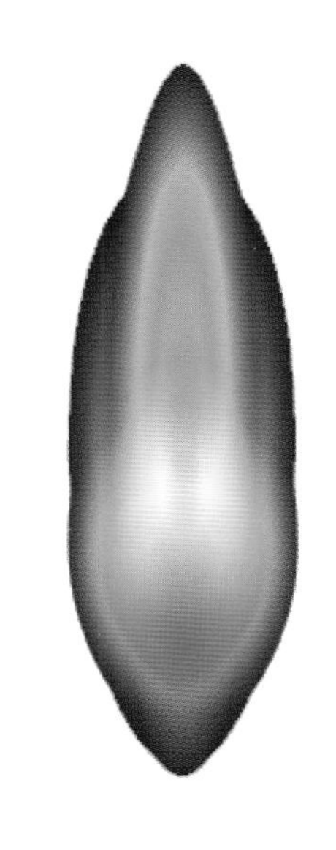

3

沙拉

千岛酱

● **主料：** 沙拉酱150g

● **辅料：** 熟鸡蛋1/2个，酸黄瓜1/2根，洋葱1/4个

● **调料：** 盐2g，白胡椒粉5g，番茄酱50g，柠檬汁5g，法香碎3g

详细教程

1. 熟鸡蛋切碎，酸黄瓜切粒，洋葱切粒。

2. 把所有材料搅拌均匀即可。

华道夫沙拉

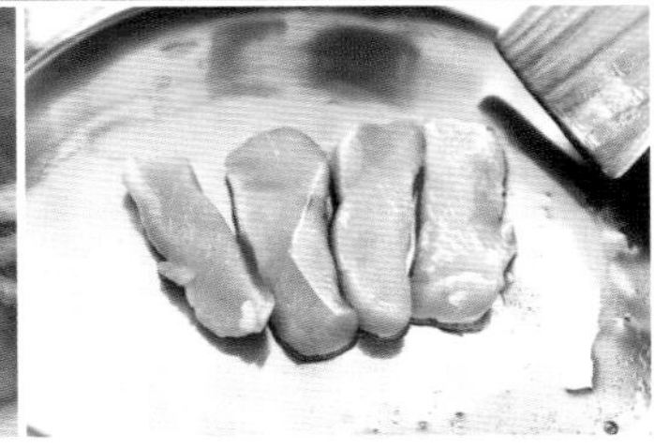

- **主料：** 土豆50g，西芹50g，鸡脯肉50g，苹果50g
- **辅料：** 橄榄菜30g，核桃片10g
- **调料：** 盐6g，沙拉酱50g，淡奶油50g，油10mL

详细教程

1. 土豆去皮，切条，焯水；西芹去筋膜，切段，焯水；苹果去皮，去核，切条，放入盐水中备用。
2. 鸡脯肉切条，取一个煎锅，开中火，放入少许油，煎熟鸡脯肉，关火。
3. 把沙拉酱、淡奶油一起放入碗中，搅拌均匀备用。
4. 取盘子，先铺垫橄榄菜，再码放好土豆条、西芹段、苹果条、鸡脯肉，淋浇上步骤3的酱汁，最后撒上核桃片即可。

鲜蔬沙拉

- **主料：** 球生菜25g，橄榄菜25g
- **辅料：** 青椒5g，红椒5g，黄椒5g，洋葱5g，番茄20g，黑橄榄10g，紫甘蓝10g，鸡蛋1个，法香5g
- **调料：** 千岛酱100g

详细教程

1. 球生菜、橄榄菜撕成块状；青椒、红椒、黄椒、洋葱切圈；番茄切块；紫甘蓝切丝。
2. 把鸡蛋煮熟，剥壳切块，备用。
3. 把上述材料码放在盘中，放入法香、黑橄榄装饰；另取一个小碗，放入千岛酱即可。

鲜虾沙拉

● **主料：** 球生菜25g，橄榄菜25g

● **辅料：** 青椒5g，红椒5g，黄椒5g，洋葱5g，黄瓜10g，紫甘蓝10g，法香5g，小番茄2个，鸡蛋1个，鲜虾2只

● **调料：** 千岛酱100g

详细教程

1. 球生菜、橄榄菜撕成块状；青椒、红椒、黄椒、洋葱切圈；小番茄切块；紫甘蓝切丝；黄瓜切片。
2. 把鸡蛋煮熟，剥壳切块；鲜虾剥壳、去泥肠，煮熟，切段。
3. 把上述材料码放在盘中，淋浇上千岛酱，放入法香装饰即可。

Chapter 4

白色基础汤

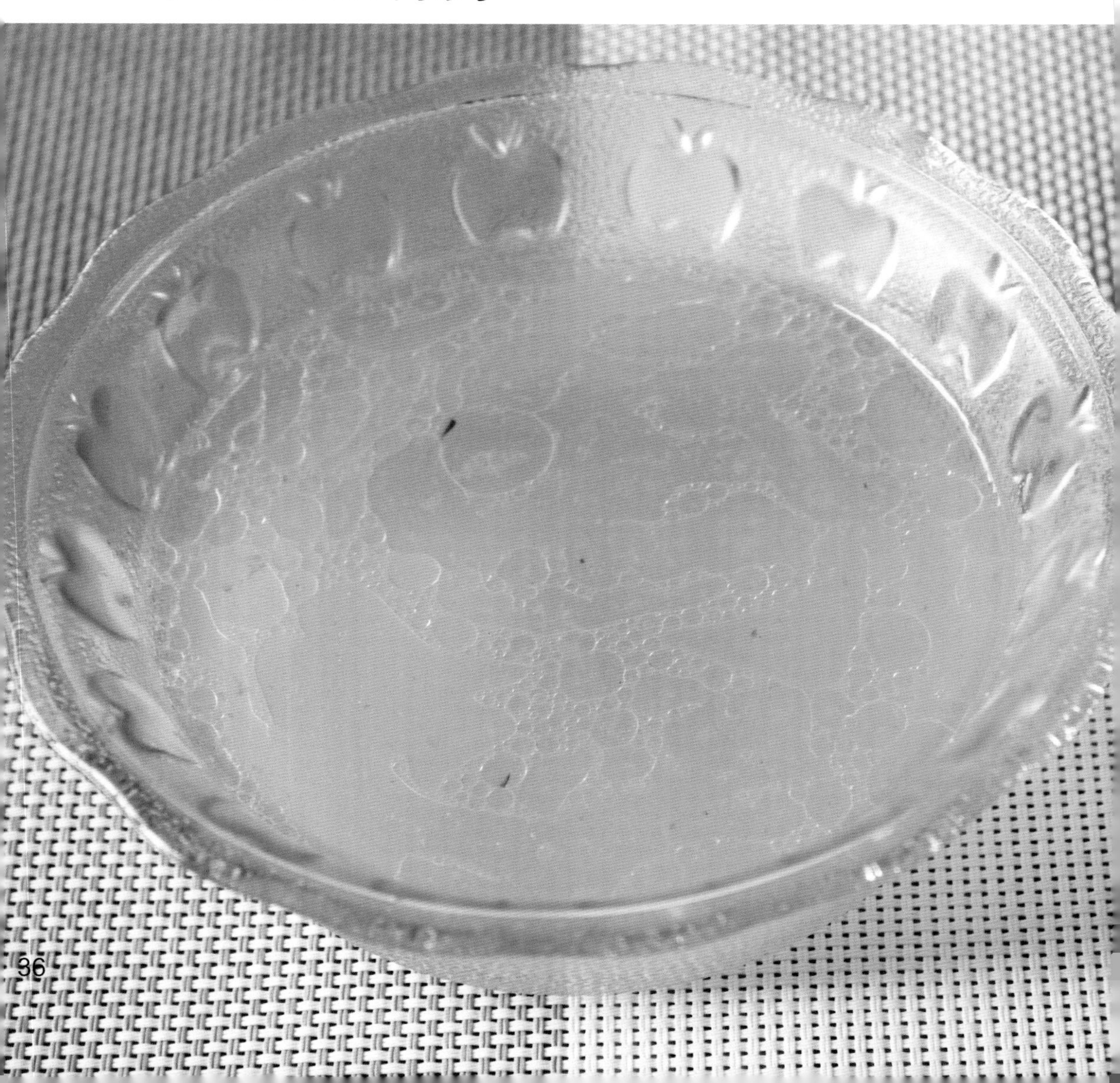

● **主料：** 鸡架1个(或牛骨1根)

● **辅料：** 洋葱50g，胡萝卜50g，西芹50g，法香10g

● **调料：** 盐10g，黑胡椒碎10g，百里香10g

详细教程

1. 胡萝卜切片；洋葱切块，西芹切斜段。
2. 取一个汤锅，加清水，开大火煮沸，放入鸡架，转中火煮2小时后，加入胡萝卜片、洋葱块、西芹段、法香、黑胡椒碎、百里香，继续熬煮2小时。
3. 最后放入盐，搅拌一下，再煮3分钟，关火，盛出即可。

✤ 奶油酱

● **主料：** 高筋面粉50g

● **辅料：** 淡奶油15mL，纯牛奶200mL，白色基础汤300mL，黄油50g

● **调料：** 盐10g，白胡椒粉10g

详细教程

1. 汤锅里放入黄油，开中火加热，待黄油熔化后放入高筋面粉，转小火炒香。

2. 放入纯牛奶、白色基础汤，搅拌均匀，用微火熬煮20分钟。

3. 放入盐、白胡椒粉、淡奶油，熬煮后关火，用滤网过滤出汤汁即可。

米兰蔬菜浓汤

● **主料：** 白色基础汤500mL

● **辅料：** 土豆200g，豌豆100g，番茄100g，西芹100g，圆白菜50g，胡萝卜50g，米饭50g，洋葱100g，大蒜30g，培根30g

● **调料：** 盐8g，白胡椒粉10g，黄油50g，起司粉30g

详细教程

1. 圆白菜、培根切丝；土豆、番茄、西芹、胡萝卜切丁；洋葱、大蒜切末。
2. 取一个煎锅，放入黄油，开中火加热，黄油熔化后放入蒜末、洋葱末炒出香味，加入白色基础汤煮沸，再加入土豆丁、豌豆、番茄丁、西芹丁、圆白菜丝、培根丝、胡萝卜丁，煮熟后加入米饭、起司粉15g及其他调料，关火。
3. 把汤盛入碗中，撒上剩下的起司粉15g即可。

奶油芦笋浓汤

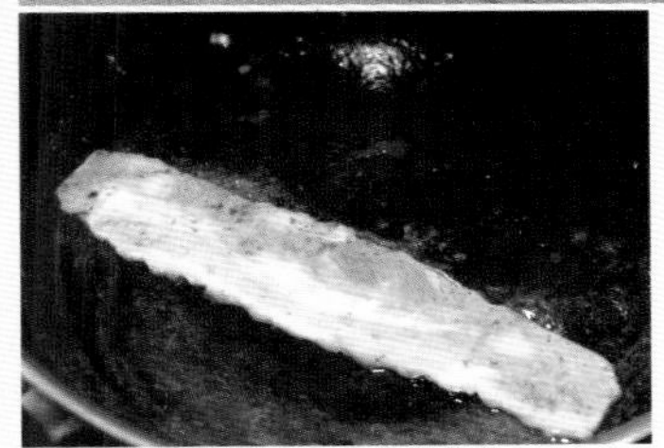

- **主料：** 芦笋100g
- **辅料：** 培根50g
- **调料：** 盐2g，油5mL，奶油酱500g，白色基础汤300g

详细教程

1. 把芦笋剥皮，切段，焯水；将白色基础汤放入汤锅，开中火，加入一半芦笋（留一半芦笋备用）、奶油酱，加盐煮沸。
2. 取一个煎锅，放油，开中火，放入培根，转小火略微煎香，关火。把煎好的培根切丁。
3. 盛出步骤1的成品，撒上芦笋段、培根丁即可。

奶油南瓜浓汤

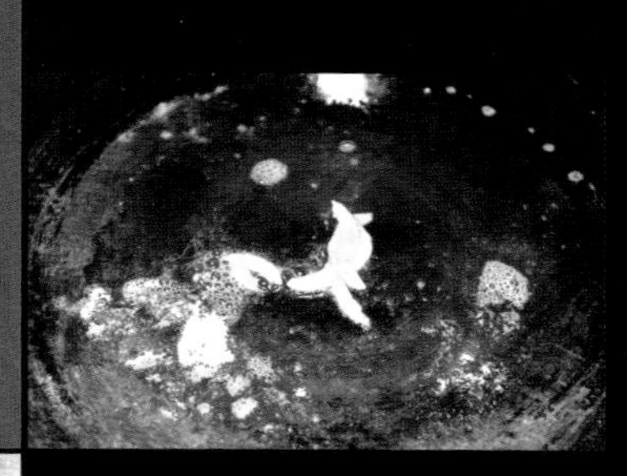

- **主料：** 南瓜300g
- **辅料：** 洋葱30g，奶油酱500g
- **调料：** 盐10g，鸡粉10g，白胡椒粉10g，白色基础汤300g，黄油50g

详细教程

1. 南瓜切片；洋葱切丝。
2. 取一个煎锅，放入黄油，开中火加热使黄油熔化，加入洋葱丝炒出香味，再加入南瓜片稍微翻炒；放入白色基础汤，转小火把洋葱、南瓜煮软，关火，晾凉汤汁。
3. 把步骤2的成品放入搅拌机中打碎，过滤出汤汁，备用；另取一个汤锅，放入奶油酱，开火煮沸，加入刚刚过滤出的汤汁，关火，用盐、鸡粉、白胡椒粉调味即可。

Chapter 5 主菜

咖喱酱

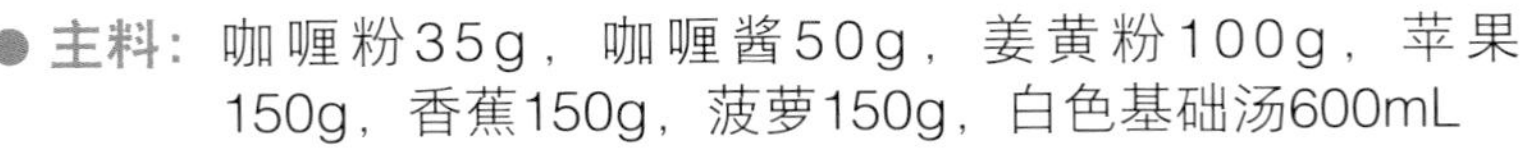

- **主料：** 咖喱粉35g，咖喱酱50g，姜黄粉100g，苹果150g，香蕉150g，菠萝150g，白色基础汤600mL
- **辅料：** 洋葱20g，大蒜70g，姜20g，青椒20g，土豆100g
- **调料：** 油20mL，干辣椒2个，香叶2片，丁香1粒，椰浆200mL，盐10g

详细教程

1. 把各种蔬果洗净，洋葱、青椒切块；土豆去皮切片，苹果、香蕉、菠萝切块；姜、大蒜拍碎。
2. 取一个煎锅，开小火，放油，把洋葱、姜、大蒜炒香，放入咖喱粉、咖喱酱、姜黄粉、丁香、香叶、干辣椒炒香；加入土豆片、青椒、苹果、香蕉、菠萝，略微翻炒，加入白色基础汤，转小火煮2小时，放盐，关火，晾凉。
3. 取一个搅拌机，放入步骤2的成品，搅打成浓稠的汤汁，过滤后加入椰浆煮沸即可。

❀ 咖喱海鲜

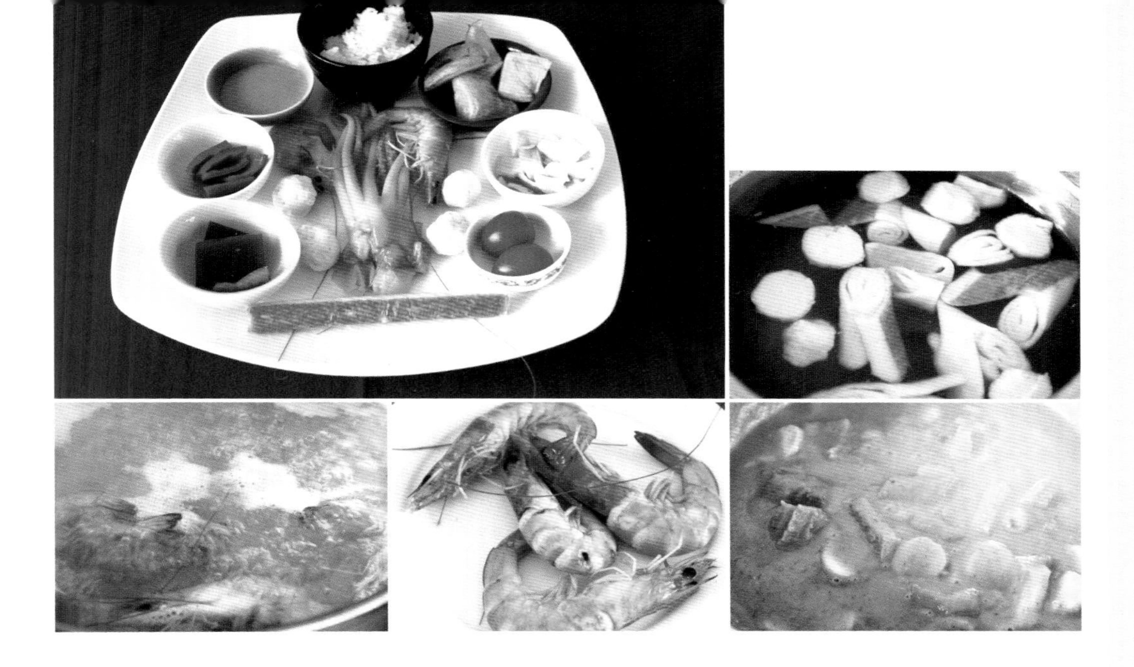

● **主料：** 米饭200g

● **辅料：** 虾2只，鱿鱼50g，鱼丸50g，蟹柳50g，土豆50g，青椒50g，红椒50g，洋葱50g，小番茄2个，油300mL

● **调料：** 咖喱酱150g，白色基础汤200mL

详细教程

1. 把土豆、青椒、红椒、洋葱切块，取一个炒锅，开中火，放油，转大火，把土豆块、青椒块、红椒块、洋葱块过油略微炸一下，关火。
2. 鱿鱼切片、鱼丸切片、蟹柳切段，焯水；虾焯水；另取一个汤锅，放入咖喱酱、白色基础汤，开中火煮沸，放入虾、鱿鱼片、鱼丸片、蟹柳段，熬煮5分钟；再放入土豆、青椒、红椒、洋葱；把小番茄的汁液挤出，把小番茄放入锅中，关火。
3. 先把米饭放进碗中，取一个盘子，把米饭倒扣放入盘中，淋浇上步骤2的汤汁即可。

咖喱鸡肉

● **主料：** 米饭200g

● **辅料：** 土豆50g，青椒50g，红椒50g，洋葱50g，小番茄2个，鸡腿200g，油300mL

● **调料：** 咖喱酱150g，白色基础汤200mL

详细教程

1. 把土豆、青椒、红椒、洋葱切块，取一个炒锅，放油，开大火，把土豆块、青椒块、红椒块、洋葱块过油略微炸一下。
2. 鸡腿洗净、切块，放入油锅炸至金黄色；另取一个汤锅，放入咖喱酱、白色基础汤煮沸，放入鸡腿块熬煮5分钟；再放入土豆、青椒、红椒、洋葱；把小番茄的汁液挤出，把小番茄放入锅中。
3. 先把米饭放进碗中，取一个盘子，把米饭倒扣放入盘中，淋浇上步骤2的汤汁即可。

咖喱牛肉

● **主料：** 米饭200g

● **辅料：** 土豆50g，青椒50g，红椒50g，洋葱50g，小番茄2个，牛里脊肉200g，油300mL

● **调料：** 咖喱酱150g，白色基础汤200mL

详细教程

1. 把土豆、青椒、红椒、洋葱切块，取一个炒锅，放油，开火，把土豆块、青椒块、红椒块、洋葱块过油略微炸一下。
2. 牛里脊肉洗净、切块，放入油锅炸至金黄色；另取一个汤锅，放入咖喱酱、白色基础汤煮沸，放入牛里脊肉块熬煮5分钟；再放入土豆、青椒、红椒、洋葱；把小番茄的汁液挤出，把小番茄放入锅中。
3. 先把米饭放进碗中，取一个盘子，把米饭倒扣放入盘中，淋浇上步骤2的汤汁即可。

黑椒汁

- **主料：** 洋葱500g
- **辅料：** 黑胡椒原汁50g，老抽酱油10g，黄汁粉5g，黄油20g
- **调料：** 盐5g，鸡粉5g，白胡椒粉5g，白酒5mL，黑胡椒碎20g，白色基础汤200mL

详细教程

1. 洋葱切丝；取一口锅，开中火加热，放黄油，待黄油熔化后，放入洋葱丝炒出香味，放入白酒；放入白胡椒粉、黑胡椒碎，略微翻炒，关火。
2. 把步骤1的成品稍微晾凉，放入搅拌机内打碎，滤出汤汁，放入锅中，加白色基础汤煮沸，放入黄汁粉、黑胡椒原汁，加入老抽酱油调色。
3. 放入盐、鸡粉调味即可。

黑椒牛排

● **主料：** 牛里脊肉200g，黑椒汁50mL

● **辅料：** 西蓝花20g，黄瓜20g，番茄20g，黑橄榄2颗

● **调料：** 盐5g，鸡粉5g，淀粉5g，白胡椒粉10g，生抽酱油20g，清水20g，油30mL

详细教程

1. 牛里脊肉切块，用刀身拍打松散；把所有调料混合在一起，放入牛里脊肉，腌制10分钟。
2. 取一个煎锅，放油，开中火加热，油热后放入腌制好的牛里脊肉，煎熟，关火。
3. 西蓝花切块、黄瓜切片、番茄切块、黑橄榄切圈，码放整齐放入盘中，放入煎熟的牛里脊肉，淋浇上黑椒汁即可。

❖ 挪威汁

- **主料：** 橙子1个，小番茄4个
- **辅料：** 洋葱粒10g
- **调料：** 盐5g，白胡椒粉g，黑胡椒粉5g

详细教程

1. 橙子切开，一半榨汁，一半切丁；小番茄切丁，备用。
2. 取一个碗，放入橙子丁、橙汁、小番茄丁，依次加入洋葱粒、盐、白胡椒粉、黑胡椒粉，搅拌均匀即可。

挪威烤鲑鱼

- **主料：** 鲑鱼200g
- **辅料：** 西蓝花10g，胡萝卜10g，黄瓜10g，小番茄1个
- **调料：** 盐5g，白胡椒粉8g，黑胡椒粉8g，油10mL

详细教程

1. 取一个碗，放入盐、白胡椒粉、黑胡椒粉，再放入鲑鱼，腌制10分钟。
2. 取一个煎锅，开中火加热，放油，油热后放入腌制好的鲑鱼，稍微煎至上色，关火；烤盘内刷少许油，烤箱温度调为200℃，放入煎好的鲑鱼，烤5分钟，至鲑鱼表面呈金黄色取出。
3. 把鲑鱼摆放在盘中，把胡萝卜、黄瓜切条，与西蓝花、小番茄一起摆盘装饰即可。

脆皮炸鸡

- **主料：** 鸡腿2个
- **辅料：** 面粉1000g
- **调料：** 辣味腌料（超市有售）50g，橄榄油500mL

详细教程

1. 用流水冲洗鸡腿，略微擦干，用辣味腌料腌制10小时。
2. 把腌制好的鸡腿放入面粉中，按照顺时针方向搅拌，拿出来，轻轻抖几下；放入凉开水中浸泡，水中会出现少许气泡，待气泡消失，重复上述步骤几次；待鸡腿上出现面粉鳞片即可。
3. 取一口锅，放入橄榄油，在油温170℃的时候，放入鸡腿炸至金黄色，取出

蓝带吉列牛排

● **主料：** 牛里脊肉200g

● **辅料：** 鸡蛋1个，淀粉10g，面包糠30g

● **调料：** 盐5g，白胡椒粉3g，松肉粉3g，李派林辣酱油3mL，吉士粉3g，鸡粉3g，油500mL

详细教程

1. 把牛里脊肉切成两块，用刀身拍松散，用盐、白胡椒粉、松肉粉、李派林辣酱油腌制20分钟；把鸡蛋打散。将腌制好的牛里脊肉拍上淀粉，蘸蛋液，裹上面包糠，备用。
2. 取一个炒锅，放入油，开大火加热，把牛里脊肉炸熟，关火；取出牛里脊肉，滤油，切成条状，备用。
3. 把切好的牛里脊肉整齐码放在盘中即可。

香脆洋葱圈

- **主料：** 洋葱250g
- **辅料：** 鸡蛋2个，淀粉200g，面包糠200g，油500mL
- **调料：** 盐10g，白胡椒粉10g，黑胡椒粉10g

详细教程

1. 洋葱切圈，取中间的大圈，剥去内圈的薄膜，撒上少许盐、白胡椒粉、黑胡椒粉，腌制10分钟。鸡蛋打散成蛋液，盛在第一个碗中；淀粉放在第二个碗中；面包糠放在第三只碗中。
2. 拿起腌制好的洋葱圈，先放入淀粉碗中，均匀裹上淀粉；用另一只手（干手）接过洋葱圈，放入蛋液碗中，均匀蘸蛋液；用另一只手（湿手）把洋葱圈放入面包糠碗中裹上面包糠即可。这个过程叫作“过三关”，注意干湿手应分开。
3. 取一口锅，放油，待油温至170℃时，放入洋葱圈，炸至金黄色，取出即可。

勋章煎牛排

● **主料：** 牛里脊肉200g

● **辅料：** 鸡蛋2个，淀粉10g，面包糠30g，起司10g，火腿20g，油500mL

● **调料：** 盐5g，白胡椒粉3g，黑胡椒粉5g，千岛酱50g

详细教程

1. 用刀身把牛里脊肉拍松散，用刀从中间切成两片，注意不要切断；中间放入火腿、起司，裹成牛肉卷；用盐、白胡椒粉、黑胡椒粉腌制20分钟；打散1个鸡蛋。将腌制好的牛肉卷拍上淀粉，蘸蛋液，裹上面包糠，备用。

2. 取一个炒锅，放入480mL油，开大火加热，把步骤1的牛肉卷炸熟，取出，备用；另取一口锅，放入20mL油，开中火，油热后打进去另一个鸡蛋，煎成荷包蛋。

3. 把炸好的牛肉卷、荷包蛋整齐码放在盘中；另取一个碗放入千岛酱搭配即可。

主食

比萨酱

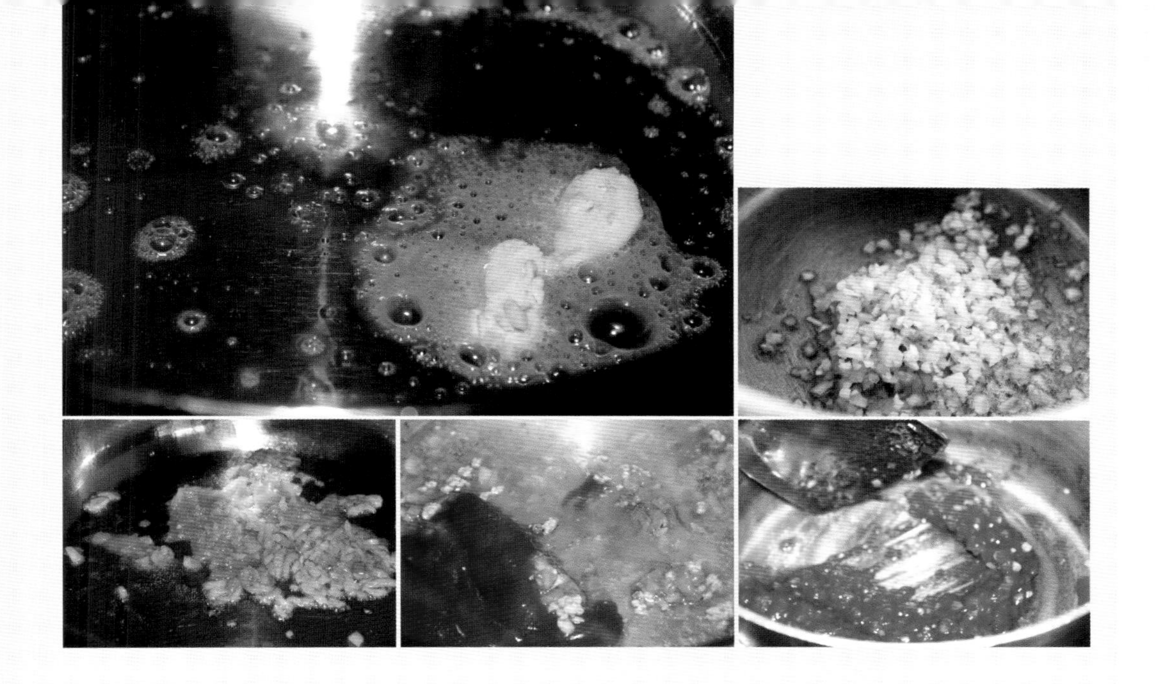

- **主料：** 番茄酱250g
- **辅料：** 洋葱50g，大蒜50g
- **调料：** 黄油25g

详细教程

1. 洋葱切粒，大蒜切成蒜蓉，备用。
2. 取一口锅，开中火加热，放黄油，待油热后放洋葱粒、蒜蓉，炒出香味。
3. 放入番茄酱稍微翻炒即可。

比萨面坯

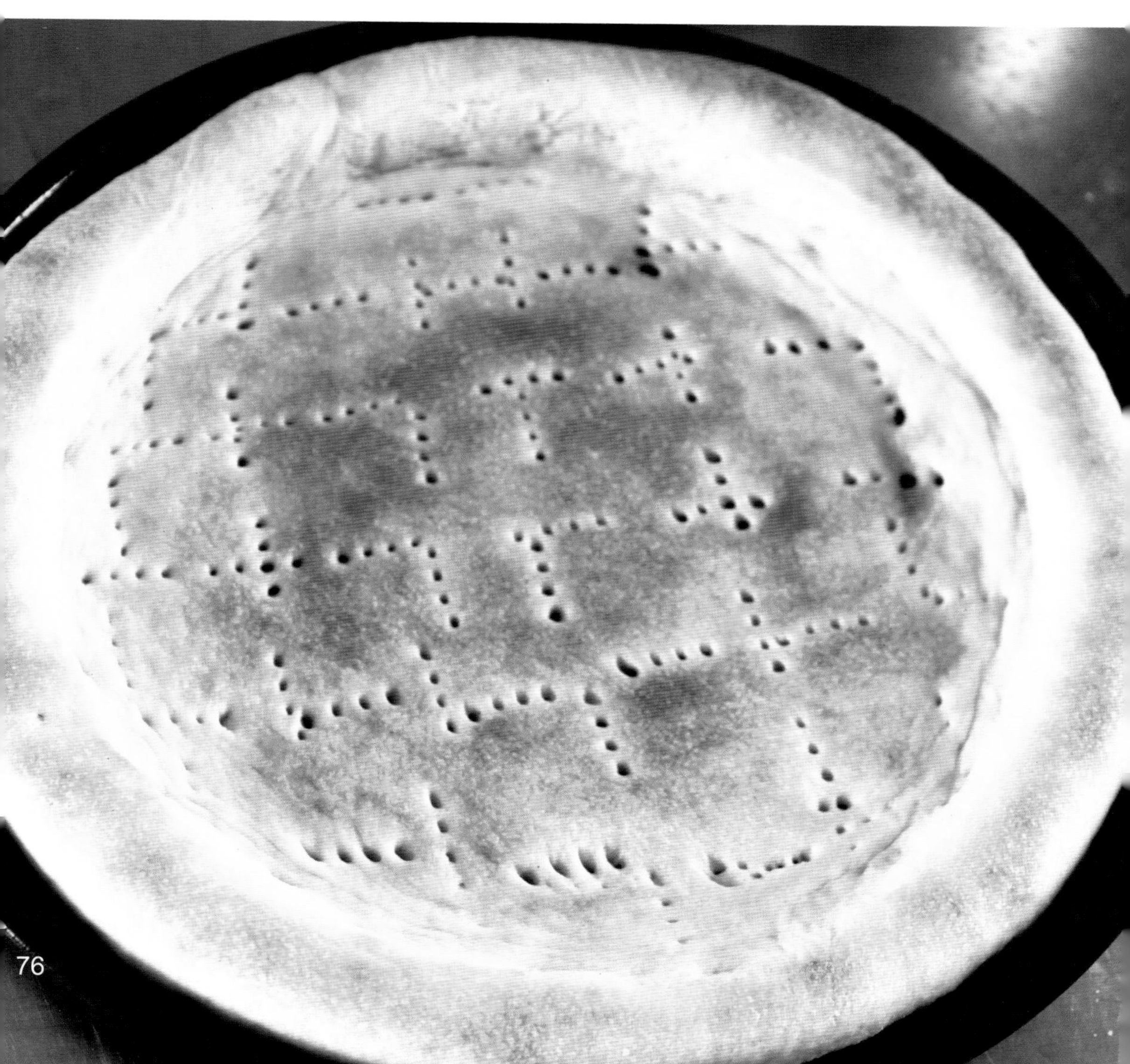

- **主料：** 高筋面粉500g，纯牛奶40g，淡奶油40mL
- **辅料：** 鸡蛋2个，酵母10g，黄油40g，温水120mL
- **调料：** 盐8g，糖粉25g，油20mL

详细教程

1. 取一个汤锅，加水，开大火加热，把黄油放在盘中，隔水熔化，关火。
2. 取一个小盆，放入高筋面粉、纯牛奶、淡奶油、酵母、打散的蛋液、盐、糖粉、熔化的黄油，混合均匀，加入温水揉成面团，备用。
3. 用保鲜膜包住面团，放置30分钟，擀成面饼，用签子在表面扎出均匀的小孔；取烤盘，在底部抹少许油，把面饼放入烤箱，烤15分钟即可。

夏威夷风情比萨

- **主料：** 比萨面坯1个
- **辅料：** 菠萝100g，火腿100g
- **调料：** 阿里根奴5g，起司丝90g，比萨酱100g

详细教程

1. 菠萝、火腿切块。
2. 按照p77的步骤，做一个比萨面坯；涂上比萨酱，撒上少许起司丝，放上菠萝块、火腿块、阿里根奴即可。
3. 烤箱温度调到250℃，放入步骤2的比萨面坯，烤至金黄色，取出即可。

拿波里鲜虾比萨

- **主料：** 比萨面坯1个
- **辅料：** 鲜虾4只，小番茄1个，彩椒100g
- **调料：** 起司丝90g，阿里根奴5g，白胡椒粉5g，比萨酱100g，盐5g，柠檬汁10mL

详细教程

1. 鲜虾去壳、除泥肠，混合白胡椒粉、盐、柠檬汁，腌制鲜虾；小番茄切片；彩椒切成碎末，备用。
2. 按照p77的步骤，做一个比萨面坯；涂上比萨酱，撒上少许起司丝，放上番茄片、彩椒末、鲜虾、阿里根奴即可。
3. 烤箱温度调到250℃，放入步骤2的比萨面坯，烤至金黄色，取出即可。

芦笋香肠比萨

● **主料：** 比萨面坯1个

● **辅料：** 香肠100g，芦笋3根，番茄1个

● **调料：** 比萨酱100g，黑胡椒粉10g，起司丝90g，干海苔5g，阿里根奴5g

详细教程

1. 番茄切片；香肠切片；芦笋洗净，切段。
2. 按照p77的步骤，做一个比萨面坯；涂上比萨酱，先撒上少许起司丝，放上香肠片、芦笋段、番茄片，均匀撒上剩余的起司丝、阿里根奴、干海苔即可。
3. 烤箱温度调到250℃，放入步骤2的比萨面坯，烤至金黄色，取出，撒上黑胡椒粉即可。

焗饭饭底

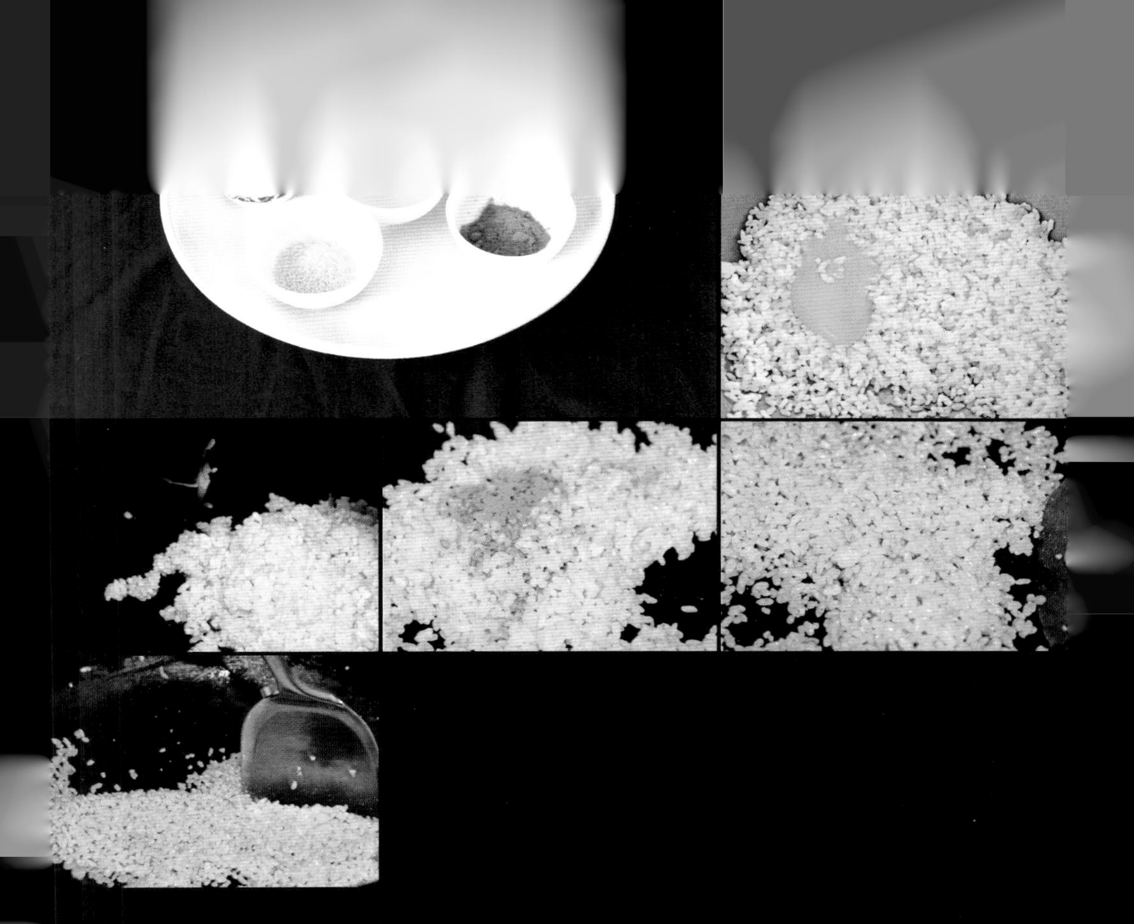

- **主料：** 白米饭50g
- **辅料：** 蛋黄1个
- **调料：** 盐5g，鸡粉5g，咖喱粉10g，油30mL

详细教程

1.蛋黄打散，放入白米饭内搅拌均匀。

2.取炒锅，开中火加热，放油，油热后放入步骤1的米饭，炒散，放入咖喱粉，翻

番茄海鲜焗饭

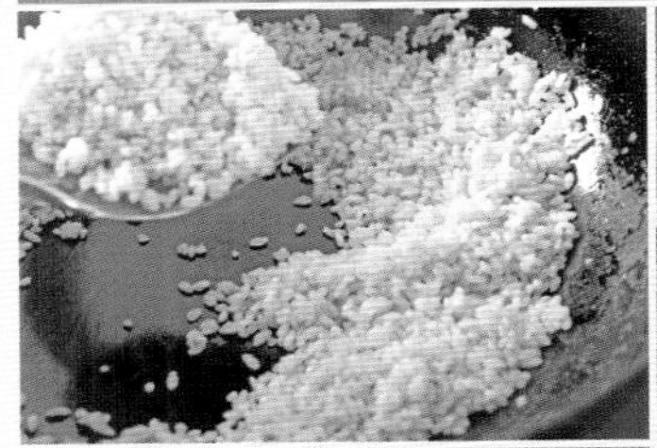

● **主料：** 焗饭饭底100g

● **辅料：** 鱿鱼10g，鱼丸20g，蟹柳10g，青豆5g，胡萝卜10g，玉米粒10g，洋葱10g

● **调料：** 盐5g，鸡粉5g，黄油20g，起司丝30g，番茄酱20g

详细教程

1. 取一个烤盘，放入焗饭饭底铺底。鱿鱼切花刀；鱼丸切片；蟹柳切段，焯水备用。胡萝卜切丁，与青豆、玉米粒一起焯水。洋葱切粒。

2. 取一个煎锅，开中火加热，放入黄油，待黄油熔化，放入洋葱粒炒出香味；再放入青豆、胡萝卜丁、玉米粒稍微翻炒；再放入鱿鱼、鱼丸片、蟹柳段稍微翻炒，放入番茄酱、盐、鸡粉调味，撒上起司丝，翻炒片刻，关火，盛出放在步骤1的烤盘上。

3. 把步骤2的烤盘放入烤箱，温度调至250℃，烤至金黄色即可。

海鲜焗饭

● **主料：** 焗饭饭底100g

● **辅料：** 鱿鱼20g，鱼丸20g，蟹柳10g，青豆10g，胡萝卜10g，玉米粒20g，洋葱10g

● **调料：** 盐5g，鸡粉5g，黄油20g，起司丝30g

详细教程

1. 取一个可以放入烤箱的盘子，用焗饭饭底铺底；鱿鱼花刀切片；鱼丸切片；蟹柳切段，焯水备用。胡萝卜切丁，与青豆、玉米粒一起焯水备用。洋葱切粒。

2. 取一个煎锅，开中火加热，放黄油，待黄油熔化后，放入洋葱粒炒出香味；再放入青豆、胡萝卜丁、玉米粒稍微翻炒；再放入鱿鱼片、鱼丸片、蟹柳段稍微翻炒，放入盐、鸡粉调味，盛出来放在焗饭饭底上，撒上起司丝，关火。

3. 把步骤2的成品放入烤箱中，调至250℃，烤至金黄色即可。

咖喱海鲜焗饭

● **主料：** 焗饭饭底100g

● **辅料：** 鱿鱼10g，鱼丸20g，蟹柳10g，青豆5g，胡萝卜10g，玉米粒10g，洋葱10g

● **调料：** 盐5g，鸡粉5g，黄油20g，起司丝30g，咖喱酱20g

详细教程

1. 取一个烤盘，放入焗饭饭底铺底。鱿鱼切花刀；鱼丸切片；蟹柳切段，焯水备用。胡萝卜切丁，与青豆、玉米粒一起焯水。洋葱切粒。
2. 取一个煎锅，开中火加热，放入黄油，待黄油熔化后，放入洋葱粒炒出香味；再放入青豆、胡萝卜丁、玉米粒稍微翻炒；再放入鱿鱼、鱼丸片、蟹柳段稍微翻炒，放入咖喱酱、盐、鸡粉调味，撒上起司丝，翻炒片刻，关火，盛出放在步骤1的烤盘上。
3. 把步骤2的烤盘放入烤箱，温度调至250℃，烤至金黄色即可。

公司三明治

- **主料：** 吐司3片
- **辅料：** 鸡蛋1个，火腿1片，生菜50g，黄瓜50g，番茄1个，酸黄瓜50g，鸡脯肉100g
- **调料：** 黄油200g，沙拉酱50g，油50mL

详细教程

1. 黄瓜、酸黄瓜、番茄切片。
2. 取一个煎锅，开中火加热，放入黄油，待黄油熔化后，把吐司片煎至金黄，把火腿片煎至上色，鸡脯肉切片煎熟，关火；另取一个煎锅，开中火加热，放油，鸡蛋打散，煎成蛋皮，关火。
3. 取第一片吐司，放上生菜、沙拉酱、蛋皮、黄瓜片，取第二片吐司，放在上面，继续放上火腿、沙拉酱、生菜、酸黄瓜、番茄片，放上第三片吐司，用牙签固定

鸡蛋三明治

- **主料：** 吐司3片
- **辅料：** 鸡蛋1个，生菜50g，黄瓜50g，番茄1个
- **调料：** 黄油100g，沙拉酱50g，油30mL

详细教程

1. 黄瓜、番茄切片，备用。
2. 取一个煎锅，开中火加热，放黄油，待黄油熔化后，把吐司片煎至金黄，关火；另取一个煎锅，开中火加热，放油，鸡蛋打散，煎成蛋皮，关火。
3. 取第一片吐司，放上生菜、沙拉酱、蛋皮、黄瓜片，取第二片吐司，放在上面，继续放上生菜、沙拉酱、蛋皮、番茄片，放上第三片吐司。用牙签固定即可。

总汇三明治

- **主料：** 吐司3片
- **辅料：** 鸡蛋1个，火腿50g，生菜50g，黄瓜50g，番茄1个
- **调料：** 黄油100g，沙拉酱50g，油50mL

详细教程

1. 黄瓜、番茄切片。
2. 取一个煎锅，放入黄油，待黄油熔化后，放入吐司片煎至金黄；把火腿切片，煎至上色，关火；另取一个煎锅，开中火加热，放油，鸡蛋打散，煎成蛋皮，关火。
3. 取第一片吐司，放上生菜、沙拉酱、蛋皮、黄瓜片，取第二片吐司，放在上面，继续放上生菜、火腿、沙拉酱、蛋皮、番茄片，放上第三片吐司。用牙签固定即可。

凤梨炒饭

- **主料：** 米饭200g
- **辅料：** 凤梨50g，火腿50g，鸡蛋1个，青豆20g，胡萝卜20g，玉米粒20g，洋葱20g，肉松10g
- **调料：** 盐5g，鸡粉5g，油30mL

详细教程

1. 凤梨、火腿、胡萝卜切丁；洋葱切粒；胡萝卜丁、青豆、玉米粒焯水。
2. 把鸡蛋打散成蛋液，加少许水；取一口炒锅，开中火加热，放20mL油，炒熟鸡蛋；放入米饭，倒入青豆、胡萝卜丁、玉米粒、洋葱粒翻炒，翻炒片刻；倒入凤梨丁、火腿丁翻炒；关火。
3. 用盐、鸡粉调味，装盘，撒上肉松装饰即可。

青椒牛肉炒饭

- **主料：** 米饭200g
- **辅料：** 青椒50g，牛肉50g，鸡蛋1个，洋葱50g
- **调料：** 盐5g，鸡粉5g，黑胡椒碎15g，海鲜酱油50mL，油30mL

详细教程

1. 青椒切丝；洋葱切粒；牛肉切丝，过油稍微炸一下；鸡蛋打散成蛋液，加少许水。
2. 取一个炒锅，开中火加热，放油，油热后炒熟鸡蛋；放入米饭、青椒丝、洋葱粒，翻炒片刻；放入牛肉丝、黑胡椒碎，炒出辣味，转小火，放入海鲜酱油调色，关火。
3. 用盐、鸡粉调味，装盘即可。

港式猪扒饭

● **主料：** 猪里脊肉200g，米饭150g

● **辅料：** 西芹20g，洋葱20g，胡萝卜20g，香菇10g，鸡蛋1个，淀粉10g

● **调料：** 盐5g，白砂糖5g，鸡粉5g，番茄酱50g，白色基础汤20mL，红酒10mL，黄油5g，淡奶油10g，油30mL，白胡椒粉5g，李派林辣酱油，松肉粉3g

详细教程

1. 把猪里脊肉切成两块，用刀身拍松散，用盐、白胡椒粉、松肉粉、李派林辣酱油、淀粉腌制20分钟；洋葱、西芹、胡萝卜、香菇切成片；鸡蛋打散，与米饭均匀搅拌，取一个煎锅，开中火加热，放入10mL油，开火加热，炒熟，关火。

2. 取一个炒锅，开中火加热，放入10mL油，把猪里脊肉煎至六成熟，取出备用；放入剩下的10mL油，放入洋葱片、西芹片、胡萝卜片、香菇片炒出香味，倒入番茄酱，加入白色基础汤、盐、白胡椒粉、白砂糖、鸡粉、黄油、红酒、淡奶油调味，煮沸，关火。

3. 放入煎好的猪里脊肉，熬煮3分钟；取一个盘子，放入步骤1中炒好的米饭，放上煮好的猪里脊肉，淋浇上汤汁即可。

炸脆皮米饭丸子

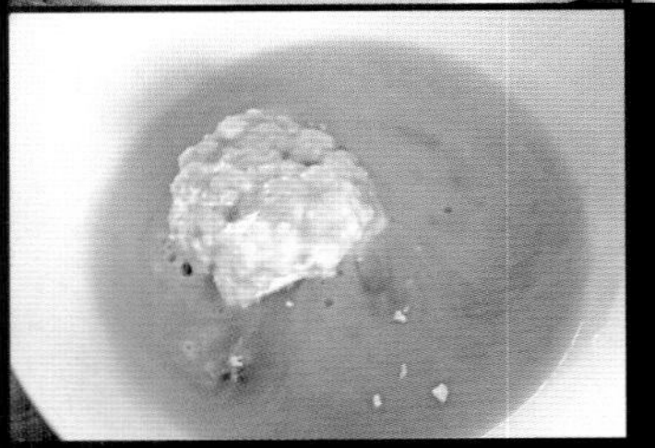

- **主料：** 米饭250g
- **辅料：** 鸡蛋2个，干淀粉100g，面包糠200g，培根30g，起司1片，火腿1片，洋葱1/4个
- **调料：** 盐5g，白胡椒粉10g，黄油20g

详细教程

1. 培根、起司、火腿、洋葱切成米粒大小；起锅加黄油，炒香洋葱粒备用。
2. 把培根、起司、火腿、炒香的洋葱粒加入米饭中，打一个鸡蛋进去，搅拌均匀，加盐、白胡椒粉调味。
3. 把拌好的米饭做成丸子状，依次序蘸干淀粉、蛋液、面包糠，最后炸成金黄色即可。

咖喱海参通心粉

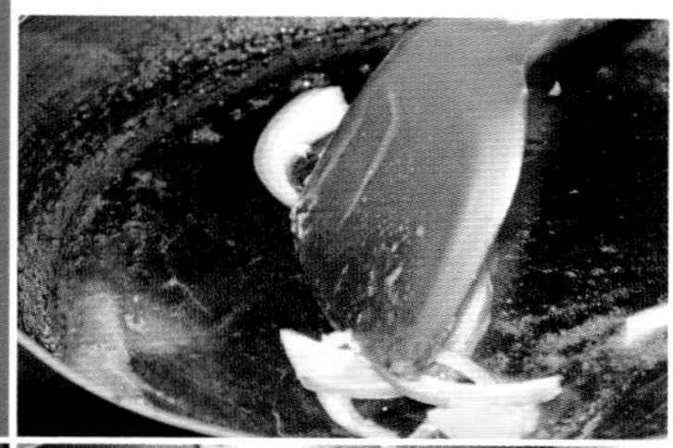

● **主料：** 通心粉100g

● **辅料：** 鲜虾2只，鱿鱼30g，鱼丸30g，蟹柳30g，青椒10g，红椒10g，黄椒10g，洋葱10g

● **调料：** 盐5g，鸡粉8g，咖喱酱15g，黄油20g

详细教程

1. 鱿鱼上先切花刀，鱿鱼、鱼丸切成片，蟹柳切段，焯水；鲜虾去泥肠，煮熟；青椒、红椒、黄椒、洋葱切丝。

2. 取一口汤锅，加水，开大火加热，把通心粉煮熟，关火；另取一个煎锅，放入黄油，待黄油熔化后，先炒洋葱，炒香后放入通心粉翻炒，再放入青椒丝、红椒丝、黄椒丝翻炒。

3. 转小火，放入鱿鱼片、鱼丸片、蟹柳段，翻炒1分钟，放入咖喱酱，炒出香味；最后加入盐、鸡粉调味，关火；盛入盘中，放上虾装饰即可。

奶油意大利面

● **主料：** 意大利面100g

● **辅料：** 蛋黄1个，洋葱50g，培根50g

● **调料：** 盐5g，鸡粉5g，白胡椒粉5g，白兰地5mL，起司粉25g，淡奶油25g，油20mL

详细教程

1. 洋葱、培根切块；把蛋黄、起司粉、淡奶油倒入碗中搅拌均匀。锅中加水，烧开后下入意大利面煮熟备用。
2. 取一个煎锅，开中火加热，放油，油热后放入洋葱块炒出香味；然后放白兰地，翻炒几下；再放入培根块，翻炒几下；然后放入意大利面，翻炒几下。
3. 放入淡奶油，搅拌均匀后，放入盐、鸡粉、白胡椒粉调味，关火即可。

✿ 肉酱汁

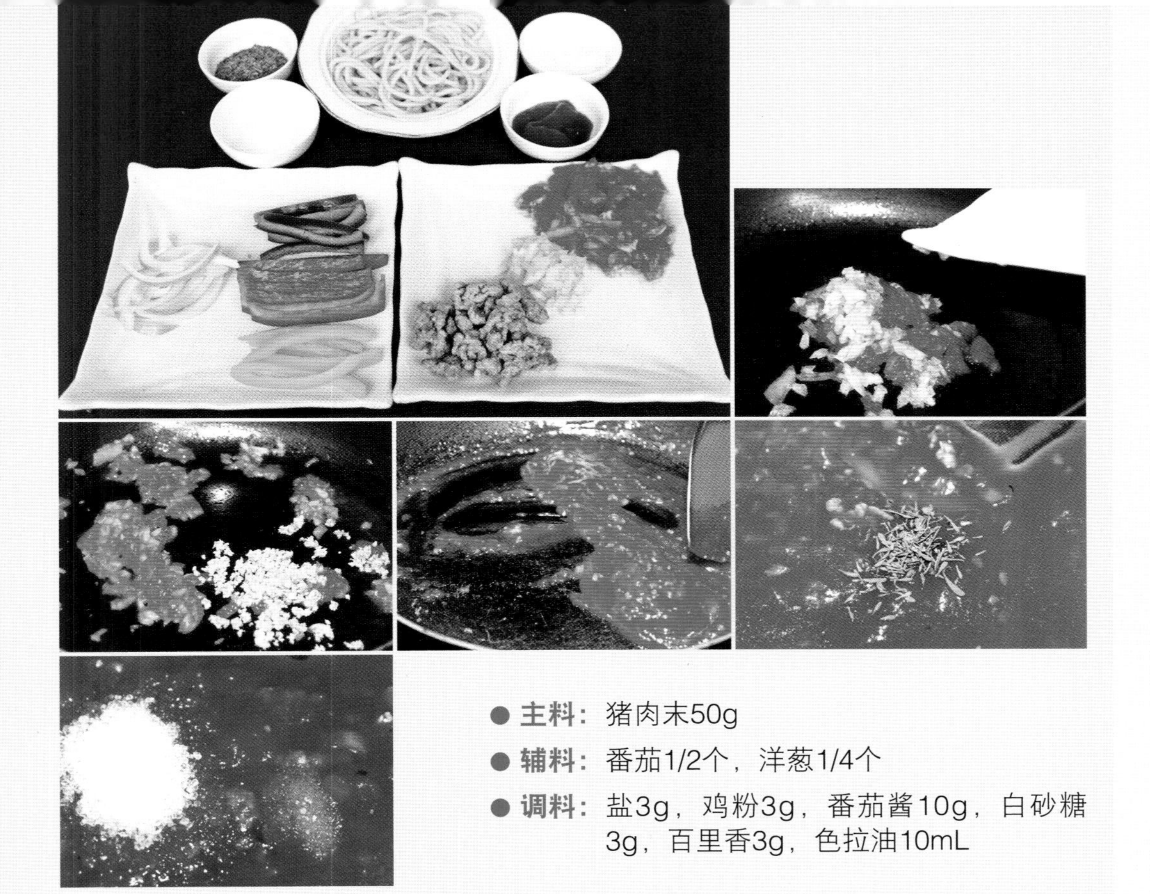

- **主料：** 猪肉末50g
- **辅料：** 番茄1/2个，洋葱1/4个
- **调料：** 盐3g，鸡粉3g，番茄酱10g，白砂糖3g，百里香3g，色拉油10mL

详细教程

1. 番茄去皮切丁；洋葱切丁。
2. 取一个煎锅，开中火加热，放少许色拉油，先炒番茄、洋葱，炒出香味，下猪肉末翻炒，放入番茄酱、百里香。
3. 最后用盐、鸡粉、白砂糖调味，关火，出锅即可。

意大利面

- **主料：** 意大利面100g
- **辅料：** 青椒1/2个，红椒1/2个，洋葱1/4个，肉酱汁少许
- **调料：** 盐3g，鸡粉3g，黄油20g

详细教程

1. 青椒、红椒、洋葱切丝备用。
2. 取一个煎锅，开中火加热，放入黄油，待黄油熔化后，加入青椒丝、红椒丝、洋葱丝，炒出香味，下意大利面翻炒，改为小火。面熟后加入盐、鸡粉调味，关火，装盘待用。
3. 淋上肉酱汁，加上装饰会更有情调。

蛋皮鸡丝粥

- **主料：** 白粥300g
- **辅料：** 鸡蛋1个，鸡脯肉100g，生菜50g，胡萝卜50g，姜10g，香菇20g
- **调料：** 盐5g，鸡粉5g，油20mL

详细教程

1. 鸡蛋打散，取一个煎锅，加油，把蛋液煎成蛋皮，切丝。
2. 鸡脯肉切丝；姜、生菜、胡萝卜切丝；香菇切片。
3. 开中火，把白粥煮沸，依次放入姜、香菇，稍待片刻后放入鸡脯肉丝；5分钟后依次放入生菜丝、胡萝卜丝；最后放盐、鸡粉调味，关火，撒上蛋皮丝装饰即可。

图书在版编目（CIP）数据

一学就会的西餐／培博著．—郑州：河南科学技术出版社，2013.5
ISBN 978-7-5349-6218-9

Ⅰ.①一… Ⅱ.①培… Ⅲ.①西式菜肴-菜谱
Ⅳ.①TS972.188

中国版本图书馆CIP数据核字（2013）第074928号

出版发行：河南科学技术出版社
地址：郑州市经五路66号　邮编：450002
电话：（0371）65737028　65788613
网址：www.hnstp.cn
策划编辑：李　娟
责任编辑：李　娟
责任校对：柯　姣
装帧设计：水长流文化
责任印制：张艳芳
印　　刷：北京盛通印刷股份有限公司
经　　销：全国新华书店
幅面尺寸：170 mm×190 mm　印张：5　字数：120千字
版　　次：2013年5月第1版　2013年5月第1次印刷
定　　价：29.80元

阿贝美食
natural healthy delicious

阿贝美食
natural healthy delicious